DEMONSTRATION PHYSIQUE DU MOUVEMENT DE ROTATION DE LA TERRE AU MOYEN DU PENDULE (1851)

par

LÉON FOUCAULT

Suivie d'autres textes par divers auteurs

Éditions Nielrow
Dijon - 2019
ISBN : 978-2-490446-11-7

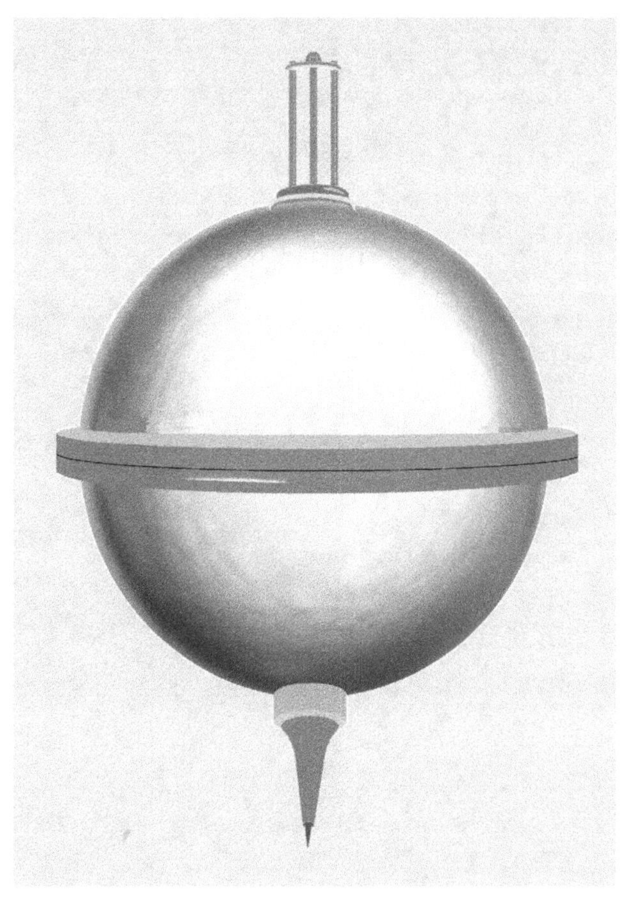

SPHÈRE DU PENDULE DE FOUCAULT AYANT SERVI
LORS DE L'EXPÉRIENCE DE 1851 AU PANTHÉON
(DESSIN D'APRÈS L'ORIGINAL - NIELROW)

TABLE

AVANT-PROPOS

Le plan d'oscillation d'un pendule, se déplace à cause du mouvement de rotation terrestre, et de l'effet Coriolis, proportionnelment à sa latitude, vers la droite dans l'hémisphère nord et vers la gauche dans l'autre hémisphère. La théorie le dit, et le pendule le prouve. Ainsi, Léon Foucault entreprit plusieurs expériences dès les années 1850 pour achever la question, commençant dans une cave avec un pendule de 2 mètres et 5 kg, puis avec un pendule plus grand et plus lourd à l'Observatoire de Paris, pour parvenir à une démonstration publique en présence du Prince Bonaparte, au Panthéon avec un pendule de 67 m de long et d'un poids de 28 kg. La boule était composée d'une sphère de cuivre remplie de plomb, présentatnt une pointe à son extrémité inférieure. Pour observer le mouvement, un cercle de 6 mètres de diamètre, gradué en degrés et divisions de quart de degré, cernait une table elle-même graduée ; sur le cercle on avait disposé du sable humide, destiné à enregistrér la figure du mouvement. La déviation d'un degré du plan d'oscillation nécessitait environ 5 minutes, sachant que la durée d'une oscillation s'élevait à 8,21 secondes. Il fallait six heures pour amortir les oscillations et obtenir une déviation d'environ 70°.

Evidemment à l'exposition universelle de 1855 on monta un tel pendule, auquel on avait ajouté un engin électromagnétique destiné à entretenir le mouvement ; le pendule fut installé ensuite dans l'église du Conservatoire des Arts et Métiers où les visiteurs ont pu assister chaque jour à l'expérience de Foucoult, jusqu'au 6 avril 2010, jour où le pendule se fracassa au sol. La boule de cuivre irrécupérable fut remplacée.

Foucault n'est pas l'inventeur de la théorie, le XVIIème siècle en ayant déjà formulé les prémisses, mais il en est le maître d'oeuvre. Est-ce à dire qu'il a résolu toutes les questions attachées à ses expériences ? Non, car on se bat encore aujourd'hui à propos du système de référence, à coup de théries et de contre-théories, notamment celle d'Einstein.

Concernant les à-côtés de l'expérience de Foucault, on notera, au travers de ces textes, la volonté de celui-ci d'être reconnu par ses pairs, et de ne pas abandonner aux autres chercheurs la paternité de ses découvertes.

Nielrow

DEMONSTRATION PHYSIQUE DU MOUVEMENT DE ROTATION DE LA TERRE AU MOYEN DU PENDULE

Comptes rendus hebdomadaires des séances de l'Académie des sciences,
Tome 32, 1851 (p. 135-138).

Les observations si nombreuses et si importantes dont le pendule a été jusqu'ici l'objet, sont surtout relatives à la durée des oscillations ; celles que je me propose de faire connaître à L'Académie ont principalement porté sur la direction du plan d'oscillation qui, se déplaçant graduellement d'orient en occident, fournit un signe sensible du mouvement diurne du globe terrestre.

Afin d'arriver à justifier cette interprétation d'un résultat constant, je ferai abstraction du mouvement de translation de la Terre, qui est sans influence sur le phénomène que je veux mettre en évidence, et je supposerai que l'observateur se transporte au pôle pour y établir un pendule réduit à sa plus grande simplicité, c'est-à-dire un pendule formé d'une masse pesante homogène et sphérique, suspendue par un fil flexible à un point absolument fixe ; je suppose même, tout d'abord, que ce point de suspension soit exactement sur le prolongement de l'axe de rotation du globe, et que les pièces solides qui le supportent ne participent pas au mouvement diurne. Si, dans ces circonstances, on éloigne de sa position d'équilibre la masse du pendule, et si on l'abandonne à l'action de la pesanteur sans lui communiquer aucune impulsion latérale, son centre de gravité repassera par la verticale, et, en vertu de la vitesse acquise, il s'élèvera de l'autre côté de la verticale à une hauteur presque égale à celle d'où il est parti. Parvenu en ce point, sa vitesse expire, change de signe, et le ramène, en le faisant passer encore par la verticale, un peu au-dessous de son point de départ. Ainsi l'on provoque un mouvement oscillatoire de la masse suivant un arc de cercle dont le plan est nettement déterminé, et auquel l'inertie de la matière assure une position invariable dans l'espace. Si donc ces oscillations se prolongent pendant un certain temps, le mouvement de la Terre, qui ne cesse de tourner d'occident en orient, deviendra sensible par le contraste de l'immobilité du plan d'oscillation dont la trace sur le sol semblera animée d'un mouvement conforme au mouvement apparent de la sphère céleste ; et si les oscillations pouvaient persister pendant vingt-quatre heures, la trace de leur plan exécuterait dans le même temps une révolution entière autour de la verticale menée par le point de suspension.

Telles sont les conditions idéales dans lesquelles le mouvement de rotation du globe deviendrait évidemment accessible à l'observation. Mais, en réalité, on est matériellement obligé de pendre un point d'appui sur un sol mouvant ; les pièces rigides où s'attache l'extrémité supérieure du fil du pendule ne peuvent être soustraites au mouvement diurne, et l'on pouvait craindre, à première vue, que ce mouvement communiqué au fil et à la masse pendulaire n'altérât la direction du plan d'oscillation. Toutefois la théorie ne montre pas là une difficulté sérieuse, et, de son côté, l'expérience m'a montré que, pourvu que le fil oppose la même résistance à la flexion dans tous les plans, on peut le faire tourner assez rapidement sur lui-même dans un sens ou dans l'autre sans influer sensiblement sur la position du plan d'oscillation, en sorte que l'expérience telle que je viens de la décrire doit réussir au pôle dans toute sa simplicité(1)

Mais quand on descend vers nos latitudes, le phénomène se complique d'un élément sur lequel je souhaite attirer l'attention des géomètres.

A mesure que l'on approche de l'équateur, le plan de l'horizon prend sur l'axe de la Terre une position de plus en plus oblique, et la verticale, au lieu de tourner sur elle-même comme au pôle, décrit un cône de plus en plus ouvert ; il en résulte un ralentissement dans le mouvement apparent du plan d'oscillation, mouvement qui s'annule à l'équateur pour changer de sens dans l'autre hémisphère. Pour déterminer la loi suivant laquelle varie ce mouvement sous les diverses latitudes, il faut recourir soit à l'analyse, soit à des considérations mécaniques et géométriques que ne comporte pas l'étendue restreinte de cette Note ; je dois donc me borner à énoncer que les deux méthodes s'accordent, en négligeant certains phénomènes secondaires, à montrer le déplacement angulaire du plan d'oscillation comme devant être égal au mouvement angulaire de la Terre dans le même temps multiplié par le sinus de la latitude. Je me suis donc mis à l'oeuvre avec confiance, et en opérant de la manière suivante. J'ai constaté dans son sens et dans sa grandeur probable la réalité du phénomène prévu.

Au sommet de la voûte d'une cave on a solidement scellé une forte pièce en fonte qui doit donner un point d'appui au fil de suspension, lequel se dégage du sein d'une petite masse d'acier trempé dont la surface libre est parfaitement horizontale. Ce fil est d'acier fortement écroui par l'action même de la filière ; son diamètre varie entre 6/10 et 11/10 de millimètre ; il se développe sur une longueur de 2 mètres, et porte à son extrémité inférieure une sphère de laiton rodée et polie qui, de plus, a été martelée de façon à ce que son centre de gravité coïncide avec son centre de figure. Cette sphère pèse 5 kilogrammes et elle porte un prolongement aigu qui semble faire suite au fil suspenseur.

Quand on veut procéder à l'expérience, on commence par annuler la torsion du fil et en faisant évanouir les oscillations tournantes de la sphère ; puis, pour l'écarter de sa position d'équilibre, on l'embrasse dans une anse de fil organique dont l'extrémité libre est attachée à un point fixe pris sur la muraille, à une faible hauteur au-dessus du sol. On dispose arbitrairement, par la longueur donnée àce fil, de l'écart du pendule et de la grandeur des oscillations qu'on veut lui imprimer. Généralement, dans mes expériences, ces oscillations comprenaient à l'origine un arc de 15 à 20 degrés. Avant de passer outre, il est nécessaire d'amortir, par un obstacle que l'on retire peu à peu, le mouvement oscillatoire que le pendule exécute encore sous la dépendance des deux fils. Puis, dès qu'on est parvenu à l'amener au repos, on brûle le fil organique en quelque point de sa longueur ; sa ténacité venant alors à faire défaut, il se rompt, l'anse qui circonscrivait la sphère tombe à terre, et le pendule, obéissant à la seule force de la gravité, entre en marche et fournit une longue suite d'oscillations dont le plan ne tarde pas à éprouver un déplacement sensible, une *déviation*.

Au bout d'une demi-heure, ce déplacement est tel, qu'il saute aux yeux ; mais il est plus intéressant de suivre le phénomène de près, afin de s'assurer de la continuité de l'effet. Pour cela on se sert d'une pointe verticale, d'une sorte de style monté sur un support, que l'on place à terre, de manière à ce que, dans son mouvement de va-et-vient, la pointe même du pendule vienne, à la limite de son excursion, raser la pointe fixée sur le sol. En moins d'une minute, l'exacte coïncidence des deux pointes cesse de se reproduire, la pointe oscillante se déplaçant constamment vers la gauche de l'observateur ; ce qui indique que la déviation du plan d'oscillation a lieu dans le sens même de la composante horizontale du mouvement apparent de la sphère céleste. La grandeur moyenne de cette déviation, rapportée au temps qu'elle emploie à se produire, montre, conformément aux indications de la théorie, que sous nos latitudes la trace horizontale du plan d'oscillation ne fait pas un tour entier dans les vingt-quatre heures.

Je dois à l'obligeance de M. Arago et au zèle intelligent de notre habile constructeur, M. Froment, qui m'a si activement secondé dans l'exécution de ce travail, d'avoir pu déjà reproduire l'expérience sur une plus grande échelle. Profitant de la hauteur de la salle de la Méridienne, à l'Observatoire, j'ai pu donner au fil du pendule une longueur de 11 mètres. L'oscillation est devenue à la fois plus lente et plus étendue, en sorte qu'entre deux retours consécutifs du pendule au point de repère, on constate manifestement une déviation sensible vers la gauche.

Je présenterai, en terminant, une dernière remarque.

C'est que les faits observés dans les circonstances où je me suis placé concordent parfaitement avec les résultats énoncés par Poisson, dans un Mémoire très remarquable lu devant l'Académie, le lundi 13 novembre 1837. Dans ce mémoire, Poisson, traitant du mouvement des projectiles dans l'air, en ayant égard au mouvement diurne de la Terre, démontre par le calcul que, sous nos latitudes, les projectiles lancés vers un point quelconque de l'horizon éprouvent une déviation qui a lieu constamment vers la droite de l'observateur placé au point de départ et tourné vers la trajectoire. Il m'a semblé que la masse du pendule peut être assimilée à un projectile qui dévie vers la droite quand il s'éloigne de l'observateur, et qui nécessairement dévie en sens inverse, en retournant vers son point de départ ; ce qui conduit au déplacement progressif du plan moyen d'oscillation et en indique le sens. Toutefois le pendule présente l'avantage d'accumuler les effets et de les faire passer du domaine de la théorie dans celui de l'observation.

(1) *L'indépendance du plan d'oscillation et du point de suspension peut être rendue évidente par une expérience qui m'a mis sur la voie et qui est très facile à répéter. Après avoir fixé, sur l'arbre d'un tour et dans la direction de l'axe, une verge d'acier ronde et flexible, on la met en vibration en l'écartant de sa position d'équilibre et en l'abandonnant à elle-même. Ainsi l'on détermine un plan d'oscillation qui, par la persistance des impressions visuelles, apparaît nettement dessiné dans l'espace ; or on remarque qu'en faisant tourner à la main l'arbre qui sert de support à cette verge vibrante, on n'entraîne pas le plan d'oscillation.*

SUR UNE NOUVELLE DEMONSTRATION EXPERIMENTALE DU MOUVEMENT DE LA TERRE, FONDEE SUR LA FIXITE DU PLAN DE ROTATION (1852)

Dans un précédent Mémoire, j'ai montré qu'en vertu de l'inertie le plan d'oscillation du pendule libre est assujetti à garder, relativement à la verticale, une position invariable, et j'ai appliqué cette propriété à la démonstration expérimentale du mouvement de la Terre sur son axe. Le phénomène sensible qui apparaît dans cette expérience, est une déviation relative du plan d'oscillation rapporté à un plan vertical quelconque solidaire avec la Terre; cette déviation est un mouvement angulaire égal et de signe contraire au mouvement de la Terre multiplié par le sinus de la latitude du lieu où l'on opère.

Cette loi, qu'aucune observation sérieuse n'est venue infirmer, implique une réduction de la déviation à partir du pôle où elle est totale, jusqu'à l'équateur où elle devient nulle ; et sa variation progressive en présence d'une rotation réellement constante, montre assez clairement que la fixité du plan d'oscillation ne doit être prise dans un sens absolu qu'au pôle seulement, et que dans toute autre situation à la surface du globe, elle est seulement relative à la verticale dont la direction change incessamment dans l'espace.

C'est faute d'avoir compris dans son acception véritable la fixité du plan d'oscillation, que beaucoup de personnes se sont fait, de la déviation, une idée inexacte, et ont méconnu sa valeur et son uniformité.

Mais, si au plan d'oscillation du pendule on substitue le plan de rotation d'un corps librement suspendu par son centre de gravité et tournant autour d'un de ses axes principaux, on a à considérer un plan physiquement défini et qui possède réellement une fixité de direction absolue. C'est pour réaliser cette conception et en obtenir de nouveaux signes de la rotation de la Terre, que j'ai composé et fait exécuter un nouvel appareil que je puis mettre dès à présent sous les yeux de l'Académie.

Le corps que j'ai choisi de préférence à tout autre pour lui communiquer un mouvement de rotation rapide et durable est un tore circulaire en bronze monté à l'intérieur d'un cercle métallique dont un diamètre est figuré par l'axe d'acier qui traverse le mobile; le diamètre perpendiculaire est représenté par les tranchants de deux couteaux implantés dans le même alignement sur le contour extérieur du même cercle. Les couteaux sont dirigés de telle sorte, que les tranchants regardant en bas, le plan du cercle et l'axe du tore y compris, soient horizontalement situés. C'est dans cette position, et après avoir imprimé au mobile une grande vitesse, qu'on introduit le système dans un second cercle extérieur où les couteaux trouvent à reposer sur des plans horizontaux. Ce second cercle vertical est suspendu à un fil sans torsion, et guidé en même temps par des pivots qui préviennent tout mouvement oscillatoire.

Si l'axe du tore est très mobile sur ses tourillons, si son cercle enveloppant est soutenu par ses couteaux dans un état d'équilibre indifférent, si enfin le fil qui supporte le tout est réellement sans torsion, il est clair que le tore jouit lui-même d'une entière liberté et qu'il peut pirouetter en tous sens autour de son centre de gravité. Telle est en effet la mobilité de ces différentes pièces dans l'appareil construit par M. Froment ; qu'elles s'agitent au moindre souffle et qu'il faut quelque précaution pour les amener sans vitesse dans une position déterminée.

Toutefois cette grande mobilité, qui témoigne de l'habileté du constructeur n'apparaît qu'autant que le corps révolutif reste au repos. Car, dés que le tore est mis en mouvement et déposé en sa place le système tout entier se consolide dans l'espace avec une énergie remarquable ; dans cet état le corps ne peut plus participer an mouvement diurne qui anime notre globe ; et, en effet, bien que son axe, en raison de sa brièveté, semble conserver sa direction première, relativement aux objets terrestres, il suffit d'en approcher un microscope pour constater un mouvement apparent, uniforme et continu, qui lui fait suivre exactement le mouvement de la sphère céleste. Cet axe se meut, relativement à l'axe du monde comme une lunette parallactique que l'on aurait pointée dans la même direction sur le ciel. Quant à l'origine, on place l'axe dans le premier vertical, on a une déviation parallèle au plan de l'équateur, et qui augmente proportionnellement au temps, à raison d'un tour entier en vingt quatre heures de temps sidéral. Quand, au contraire, on part du plan, du méridien, la déviation se fait suivant les premiers éléments d'un cône semblable au cône tangent au parallèle terrestre.

Toutefois cette manière d'observer n'est pas celle que j'ai définitivement adoptée. Profitant de la construction de l'instrument, qui permet de décomposer la déviation en deux mouvements partagés entre les deux cercles qui supportent le tore, j'ai préféré observer isolément la composante horizontale qui, seule, déplace le cercle extérieur mobile autour de la suspension verticale.

Comme l'observation ne peut être prolongée au delà de huit à dix minutes, il arrive que, pourvu qu'à l'origine l'axe de rotation soit horizontalement dirigé, la déviation observée sur le cercle vertical prend une valeur indépendante de l'azimut où l'on s'est placé ; cette valeur est précisément celle qui est donnée par la loi du sinus de la latitude. Pour s'en convaincre, il suffit d'assimiler la marche de l'axe de rotation du mobile à celle d'une ligne menée vers une étoile quelconque passant à l'horizon. Or il est facile de démontrer qu'à tout instant les mouvements en azimut de toutes les étoiles observées très près de l'horizon sont sensiblement égaux entre eux, et mesurés par le mouvement de la Terre, compté en sens inverse et multiplié par le sinus de la latitude.

Si donc, au lieu de viser sur l'axe même du corps tournant, on dirige le microscope sur le cercle des mouvements horizontaux, on doit s'attendre, dans les premiers instants qui suivent la mise en train, à le voir se déplacer conformément à la loi énoncée. Cette loi, il est vrai, ne s'applique, en toute rigueur, qu'à une déviation infiniment petite ; mais, au bout de cinq minutes, l'erreur commise est encore très faible, et insaisissable à ce genre d'expérimentation. Si, d'ailleurs, on tenait à élever la méthode à un degré supérieur d'approximation, il suffirait d'exécuter, dans deux directions rectangulaires, deux observations de même durée, et de prendre la moyenne ; comme alors les erreurs se produisent en sens inverses, elles s'élimineraient en grande partie, et l'excès persistant ou l'erreur de second ordre deviendrait tout à fait négligeable en raison de son extrême petitesse.

On est donc par là complètement affranchi de la nécessité d'opérer dans un azimut déterminé; on est seulement astreint à partir du plan horizontal ; aussi, pour satisfaire à cette indication, a-t-on monté au centre du tore une glace parallèle au plan de rotation, et qui, avec le concours d'une mire et d'une lunette à niveau, permet de satisfaire très promptement à cette dernière condition.

Lors donc qu'on opère en prenant toutes les précautions requises, que je ne puis indiquer dans cette Note, quel que soit le sens de la rotation imprimée au mobile, on obtient à coup sûr, avec une déviation dans le sens voulu, un nouveau signe de la rotation de la Terre. Et on l'obtient avec un instrument réduit à de petites dimensions, aisément transportable, et qui donne l'image du mouvement continu de la Terre elle-même. Vous n'avez plus seulement sous les yeux, comme avec le pendule, le déplacement progressif d'un plan idéal, plus ou moins bien défini par la trajectoire d'une masse oscillante ; vous possédez des pièces matérielles réellement soustraites à l'entraînement du mouvement diurne, et c'est, je crois le desideratum qu'un des plus illustres Membres de cette Académie, M. Poinsot, signalait dans la science, même après avoir connu l'expérience du pendule.

SUR LES PHENOMENES D'ORIENTATION DES CORPS TOURNANTS ENTRAINES PAR UN AXE A LA SURFACE DE LA TERRE - NOUVEAUX SIGNES SENSIBLES DU MOUVEMENT DIURNE (1852)

Quand un corps tournant sur un de ses axes principaux est librement suspendu par son centre de gravité, il donne à la surface de la Terre les déviations apparentes que nous avons étudiées dans le Mémoire précédent ; mais si, au lieu de laisser ce corps libre pirouetter en tous sens, on assujettit son axe de rotation à ne pouvoir tourner qu'autour d'un axe fixe à la surface de la Terre, on fait naître une force qui tend à ramener l'axe du corps tournant dans la direction la plus voisine possible de celle de l'axe du monde, et à disposer les deux rotations dans le même sens. Ces évolutions des corps animés d'une rotation rapide donnent ainsi de nouveaux signes très prompts et très apparents du mouvement de la Terre.

Pour procéder méthodiquement dans l'exposé de ces faits, et pour arriver à les éclaircir par de simples considérations empruntées aux éléments de mécanique et de géométrie, j'examinerai d'abord le cas où le corps tournant autour de son axe propre, est en même temps assujetti sur un axe vertical autour duquel il est libre de se mouvoir en même temps. Je supposerai qu'à l'origine le corps ait son axe dirigé de l'est à l'ouest et qu'il tourne de droite à gauche pour l'observateur qui le voit devant lui, ayant lui-même la face tournée vers l'orient.

Dans cette situation, le mobile est non seulement animé de sa vitesse initiale, mais il ressent encore l'influence de la composante de la rotation diurne autour de la méridienne du lieu, qui agit à la façon d'un couple accélérateur dont l'axe est dirigé suivant cette méridienne. Or ce couple, très petit par rapport à celui qui anime le mobile, ne s'en compose pas moins avec ce dernier, de la manière suivante.

Si l'on se conforme aux représentations enseignées par M. Poinsot, le couple d'impulsion du corps a son axe qui vise vers l'occident; celui qui provient de la rotation de la Terre a son axe qui vise au midi, et l'axe du couple résultant, compris dans le plan des deux autres et donné par la construction du parallélogramme, incline tant soit peu de l'occident au midi. Il en résulte qu'à l'axe principal, sur lequel le corps a été primitivement lancé, se substituent une suite d'axes instantanés de rotation occupant successivement des positions différentes dans le corps et dans l'espace, et qui s'en vont gagnant peu à peu le plan du méridien. En même temps que ce déplacement a lieu, le moment du couple communiqué de la Terre au mobile diminue de valeur, et enfin il s'annule au moment précis où l'axe instantané, toujours voisin de l'axe principal, atteint le plan du méridien.

Mais, en vertu de cette nouvelle vitesse acquise, qui a modifié le mouvement du corps, ce plan est bientôt dépassé ; alors le petit couple terrestre reparaît en sens inverse, son action rapproche l'axe instantané de l'axe principal, retarde en même temps le mouvement qui les emporte tous deux hors du méridien, et quand ils coïncident, ils ont atteint tous deux le maximum de leur excursion ; mais le couple terrestre, continuant d'agir, les sépare de nouveau et les ramène vers le méridien qu'ils dépassent encore, et ainsi de suite.

Il en résulte, en définitive, que l'axe principal qui est le seul observable, s'anime d'un mouvement oscillatoire très lent autour du méridien, où il finirait par se fixer si la rotation persistait assez longtemps.

Le plan du méridien est donc le seul dans lequel l'axe de rotation se trouve en équilibre; mais il y peut être conduit par deux chemins différents : l'un qui amène le mobile tournant parallèlement à la composante de la rotation terrestre considérée autour de la méridienne, chemin qu'il prend spontanément, et l'autre qui amènerait le mobile tournant en sens inverse. Dans ces deux conditions, la composante efficace du couple terrestre s'annule ; mais il faut bien remarquer que dans la première tout écart fait reparaître le couple affecté du signe convenable pour rétablir l'équilibre, tandis que dans l'autre condition, le moindre écart fait renaître ce même couple avec le signe contraire : dans la première position l'équilibre est stable, dans la seconde il y a encore équilibre, mais il est instable.

Donc, tout corps tournant autour d'un axe libre de se diriger sans sortir du plan horizontal, fournit un nouveau signe de la rotation de la Terre ; car cette rotation développe une force directrice qui sollicite l'axe du corps vers le méridien et dispose ce corps pour tourner dans le même sens que le Globe.

Donc, - sans le secours d'aucune observation astronomique - la rotation d'un corps à la surface de la Terre suffit à indiquer le plan du méridien.

Le méridien étant actuellement connu, je vais disposer l'axe du mobile dans ce plan avec liberté complète de s'y mouvoir sans pouvoir en sortir ; c'est-à-dire que tout en tournant sur son axe ordinaire, le corps pourra s'incliner comme une lunette méridienne autour d'une ligne horizontale perpendiculaire au méridien.

A l'origine je dirige cet axe horizontalement, et je fais encore tourner le mobile de droite à gauche pour l'observateur regardant au nord ; autrement dit, l'axe du couple qu'il anime vise au midi. Mais à peine abandonné dans cette position, l'appareil ressent l'influence du mouvement de la Terre autour de l'axe du monde.

En effet, si l'on applique au cas actuel le raisonnement que j'ai développé pour le cas précédent, on trouve de même à considérer un couple terrestre qui incline graduellement l'axe de rotation et ne devient inactif qu'à l'instant où l'inclinaison donne une direction parallèle à l'axe du monde.

Quand on lance le tore dans l'autre sens, l'inclinaison commence aussi en sens inverse, et si la construction de l'instrument le permet, elle s'accomplit en entier jusqu'au point de ramener toujours l'axe et la rotation du mobile parallèles à ceux de la Terre.

Donc tout corps tournant autour d'un axe libre de se diriger sans sortir du méridien, jouit de la propriété de s'orienter parallèlement à l'axe du monde et de manière à tourner dans le même sens que la Terre.

Le résultat de cette expérience doit encore compter pour un nouveau signe de la rotation du Globe ; ainsi que la précédente, elle réussit assez bien pour que je puisse espérer qu'elle sera répétée. Ce n'est pas que je propose de déterminer de la sorte la position exacte de l'axe du monde ; mais, dès qu'on s'est appliqué à rechercher toutes les conséquences mécaniques de ce fait : la Terre tourne sur elle-même, il m'a semblé que parmi ces conséquences, l'une des plus curieuses à constater expérimentalement, était cette propriété d'orientation que la théorie indique dans les corps animés sous nos yeux d'un mouvement de rotation.

Cette tendance remarquable de l'axe de rotation vers une direction définie, ne laisse pas que de présenter, avec la propriété fondamentale de l'aiguille aimantée, une certaine ressemblance extérieure qui est d'autant plus frappante, que généralement la position d'équilibre autour de laquelle oscille le nouvel instrument est oblique sur l'horizon ; ce qui permet de mettre la force directrice en évidence, en opérant soit dans le plan horizontal, comme on le fait avec la boussole de déclinaison, soit dans un plan vertical, comme on le fait aussi avec la boussole d'inclinaison.

L'appareil spécialement destiné à mettre en évidence et à mesurer approximativement la déviation d'un corps tournant en toute liberté, peut servir également à produire et à observer les phénomènes d'orientation que je viens d'énoncer et de décrire. Comme tous ces phénomènes dépendent du mouvement de la Terre et en sont des mani-festations variées, je propose de nommer *gyroscope* l'instrument unique qui m'a servi à les constater.

DEMONSTRATION EXPERIMENTALE DU MOUVEMENT DE LA TERRE

Addition aux communications faites dans les précédentes séances.

Après avoir réalisé, dans le courant du mois de mai dernier, toutes mes expériences sur la démonstration du mouvement de la Terre, au moyen de la rotation des corps, j'ai été cependant contraint, pour m'en conserver la propriété, d'en consigner les résultats dans une Lettre et de les annoncer en dehors de l'Académie. Comme ce document a été discuté dans cette enceinte et considéré comme insuffisant à m'assurer la priorité, je viens demander à l'Académie la permission de le mettre sous ses yeux, et la prier d'en autoriser l'insertion dans les Comptes rendus.

EXTRAIT DU JOURNAL DES DÉBATS DU MERCREDI 22 SEPTEMBRE 1852.

Monsieur le Rédacteur,

Permettez-moi de vous communiquer quelques nouveaux résultats d'expériences que je poursuis depuis un certain temps et qui fournissent encore quelques preuves physiques du mouvement de la Terre.

En cherchant à découvrir de nouveaux signes de ce grand phénomène, j'ai raisonné sur le plan de rotation d'un corps qui tourne, comme je l'avais fait précédemment sur le plan d'oscillation du pendule.

Il m'a semblé qu'un corps tournant autour d'un axe principal, et librement suspendu par son centre de gravité, devait, tout aussi bien qu'un pendule mis en branle, résister à l'entraînement de la rotation du

Globe. Un appareil que j'ai fait construire sur cette donnée a, en effet, fourni du mouvement de la Terre le nouveau signe que je cherchais.

Fixement orienté dans l'espace absolu, l'axe du corps tournant, examiné au microscope, semble rétrograder lentement d'orient en occident, et chemine d'une manière continue dans le champ de l'instrument, comme l'image des corps célestes au foyer de la lunette astronomique.

J'ai de plus reconnu par expérience dans les corps tournant sur eux-mêmes une propriété singulière, que le raisonnement m'avait désignée d'avance ; je veux parler d'une force d'orientation qui tend à diriger l'axe du corps parallèlement à celui de la Terre, et à disposer en même temps les deux rotations dans le même sens. Cette force d'orientation se manifeste toutes les fois que l'axe du corps tournant est maintenu dans un plan fixe avec la Terre, tout en conservant la liberté de se diriger dans ce plan.

Cette nouvelle propriété des corps tournants donne du mouvement de la Terre des signes très apparents et qui rappellent, jusqu'à un certain point, les évolutions de l'aiguille aimantée.

Opère-t-on dans le plan horizontal, l'axe du corps se dirige vers le nord, et l'appareil fonctionne à la manière de la boussole de déclinaison ; opère-t-on dans un plan vertical quelconque, l'axe de rotation s'incline et figure, en se rapprochant de la direction de l'axe terrestre, l'aiguille qui manoeuvre dans les boussoles d'inclinaison.

Depuis quatre mois tous ces faits sont pour moi hors de doute, et, pour en faire part à l'Académie des Sciences, j'attendais paisiblement l'expiration des vacances et le retour d'une époque plus favorable à la présentation d'un assez long travail. Mais ayant appris qu'un savant des plus honorables allait s'engager dans la voie que j'avais suivie, j'ai cru devoir, Monsieur, sans tarder d'un seul jour, préciser devant vous et devant le public les faits acquis par mes efforts à cette partie de la science.

NOTE SUR LE MOUVEMENT DU PENDULE SIMPLE EN AYANT ÉGARD A L'INFLUENCE DE LA ROTATION DIURNE DE LA TERRE.
par M. BINET.

*Comptes Rendus des Séances de l'Académie des Sciences (1851), Paris, **32**, 157-159, 160, 197-205.*

« L'Académie a entendu, avec beaucoup d'intérêt, la communication que lui a faite M. Arago d'une belle expérience exécutée par M. Foucault : son objet est de montrer qu'un pendule simple et libre, mis en oscillation dans un plan déterminé, ne conserve pas l'orientation de ce plan, et que, par l'effet de la rotation diurne du globe terrestre, l'azimut du plan oscillatoire s'accroît continuellement dans le sens du nord vers l'est, ou de l'est vers le sud, ou du sud vers l'ouest, ou de l'ouest vers le nord, c'est-à-dire en sens contraire de la rotation du globe.

L'expérience de M. Foucault réalise ainsi un vœu que Laplace énonce dans ces termes : *Quoique la rotation de la terre soit maintenant établie avec toute la certitude que les sciences physiques comportent, cependant une preuve directe de ce phénomène doit intéresser les géomètres et les astronomes.*

Ce résultat inattendu, qui confirme en quelque sorte physiquement les théories de Galilée, a été dignement accueilli et apprécié par les éloges que M. Arago et M. Pouillet ont exprimés dans la dernière séance de l'Académie. Depuis quelques jours plusieurs de nos confrères en avaient connaissance ; M. Foucault m'avait exposé une partie des inductions dynamiques et des considérations qui avaient formé sa conviction des premières expériences et avaient justifié ses conjectures et ses vues. En me consultant, l'auteur désirait savoir à quel point le résultat mécanique auquel il arrivait s'accordait avec les théories mathématiques et avec les déductions obtenues par les géomètres. Dans le chapitre V du quatrième volume de la Mécanique céleste, Laplace a considéré l'effet de la rotation diurne de la terre sur le mouvement des projectiles dans le vide ; il a eu égard, en outre, à la résistance de l'air sur la chute des corps qui tombent d'une grande hauteur : toutefois, il ne s'est pas occupé du pendule à ce point de vue du mouvement du globe terrestre. Poisson a traité ce sujet, en 1837, dans le Journal de l'École Polytechnique ; cependant ce n'était pas l'objet spécial de ce grand géomètre, et il ne s'en occupe qu'incidemment. Il trouve les oscillations indépendantes du mouvement diurne dans tous les azimuts, quand le pendule est assujetti à suivre une courbe donnée ; à l'égard du pendule qui peut se mouvoir librement dans tous les sens, il dit que la force perpendiculaire au plan des oscillations est trop petite pour écarter sensiblement le pendule de son plan et avoir une influence appréciable sur son mouvement. Cette conclusion parait contraire aux expériences de M. Foucault ; mais le passage que je viens de citer permet un doute ; Poisson ne rapporte pas le calcul de la force dont il parle, et d'ailleurs il n'est pas suffisant d'avoir reconnu qu'une force perturbatrice est très petite pour conclure qu'elle ne produira qu'un effet insensible après un grand nombre d'oscillations.

Cette question méritait d'être approfondie ; voici les résulats fournis par une discussion attentive des formules du mouvement relatif, à laquelle je me suis appliqué. J'ai supposé que le pendule ne fait que de très petites digressions voisines de sa position d'équilibre ; quand elles sont planes, une combinaison fort simple et analogue à celle qui donne les équations des moments, montre que le plan oscillatoire tourne graduellement autour de la verticale du point de suspension, avec une vitesse angulaire constante ; l'azimut du plan, mesuré du nord vers l'est, de l'est vers le sud, etc., s'accroît uniformément ; la vitesse constante est exprimée par la rotation angulaire de la terre, multipliée par le sinus de la latitude y du lieu de l'observation. Ce mouvement angulaire est donc 15" sin y, pour une seconde de temps sidéral, la rotation uniforme de la terre étant de 15 degrés en une heure sidérale. Cette expression de la vitesse azimutale étant obtenue, m'a porté à faire une remarque, fondée sur un théorème d'Euler, que Lagrange a développé dans sa Mécanique, et sur lequel la Théorie des couples, de M. Poinsot, a répandu beaucoup de clarté. Le théorème d'Euler, appliqué au cas actuel, autorise à regarder la vitesse de rotation de la terre comme la résultante de deux vitesses angulaires qui auraient lieu, l'une autour de la verticale du pendule, et l'autre autour de la méridienne dirigée vers le nord, parce que ces deux lignes et une parallèle à l'axe de la terre passant par la suspension, se trouvent dans un même plan. La composante de la vitesse angulaire, relative à l'axe vertical, a pour expression n.sin y, selon ce théorème, c'est-à-dire la rotation de la terre multipliée par le cosinus de l'angle que forme son axe avec la verticale. Cette vitesse angulaire composante est donc la mesure de celle que prend le plan azimutal oscillatoire et en sens contraire. A cette considération, l'on pourrait rattacher quelques inductions et considérations synthétiques pour établir le résultat de M. Foucault ; néanmoins il m'a paru qu'une preuve complète et plus satisfaisante résulte des équations du mouvement relatif. Le théorème d'Euler pourrait servir à former les équations différentielles du mouvement mais elles ne fournissent toutes les circonstances calculables du mouvement que par leur intégration plus ou moins avancée ou par des propositions qui en tiennent lieu. Toutefois, je dois dire qu'au moment où j'énonçai à M. Foucault l'expression de la vitesse, il me montra une formule qui exprimait la même loi ; ainsi il a su découvrir non seulement le phénomène de la déviation du plan, mais aussi la mesure de sa vitesse angulaire autour de la verticale.

Les oscillations planes du pendule simple sont un cas particulier des oscillations coniques considérées autrefois par Clairaut, et c'est le problème plus général que j'ai effectivement traité, mais en ayant égard à la rotation diurne de la terre. Quand on fait abstraction de ce dernier mouvement et que le pendule ne s'écarte que très peu de la verticale, notre confrère M. Pouillet a remarqué, il y a longtemps, que la projection horizontale du point mobile décrit une orbite elliptique dont le centre répond à la verticale, et en se bornant au premier degré d'approximation, l'ellipse est invariable. En faisant intervenir le mouvement diurne de la terre, je trouve que, quel que soit le sens du mouvement du pendule dans son orbite sphérique, cette projection horizontale est encore une ellipse dont les deux axes sont constants ; c'est le plan azimutal du grand axe de l'ellipse qui se déplace, dans un sens rétrograde, avec une vitesse dont la partie uniforme est n. sin y, c'est-à-dire la rotation angulaire de la terre estimée parallèlement à l'horizon, ainsi que je l'ai expliqué ci-dessus. Tous ces résultats supposent que l'on néglige la résistance de l'air dont l'effet principal se manifeste sur l'amplitude et sur la durée des oscillations, que cette résistance finit par éteindre ; mais cet effet est très faible sur la déviation du plan ; ce ne sera que dans une seconde approximation que j'essayerai d'y avoir égard, n'ayant pour objet dans cette Note que de montrer comment l'expérience importante de M. Foucault aurait pu être indiquée par les équations de la dynamique interprétées sans inadvertance, parce qu'elles ne sont autre chose que l'expression exacte des lois du mouvement de la matière. »

(L'étendue de la partie analytique de cette Note oblige l'auteur à la renvoyer au numéro prochain du Compte rendu.)

A l'occasion du Mémoire de M. Binet, M. Liouville expose de vive voix, avec détail, une méthode synthétique qui lui paraît rigoureuse aussi. Cette méthode est fondée sur l'examen successif de ce qui arriverait 1° à un pendule oscillant au pôle; 2° à un pendule oscillant à l'équateur, soit dans le plan même de l'équateur, soit dans le plan du méridien, soit enfin dans un plan vertical quelconque. On passe de là au cas général d'un pendule oscillant à telle latitude qu'on voudra, par la considération dont parle M. Binet ; c'est-à-dire en décomposant la rotation de la terre autour de sou axe en deux rotations autour de deux axes rectangulaires, dont l'un est la verticale du lieu de l'observateur. « L'idée est bien simple, dit M. Liouville elle a dû se présenter à tout le monde, après la communication de M. Foucault, qui rendait tout facile; mais les développements que j'ai ajoutés constituent, je crois, une démonstration mathématique qui se suffit à elle-même, et qui donne tout ce que peut donner le calcul. »

Sans contester les principes mécaniques énoncés par M. Liouville, M. Binet croit pouvoir s'en référer à sa Note ; il espère que les géomètres admettront que, dans l'état de cette question au moment de la première communication de M. Foucault, il était convenable de montrer que les équations du mouvement relatif se concilient avec la belle expérience, et comment elles auraient pu l'indiquer.

LETTRE DE M. ANTINORI, DIRECTEUR DU MUSÉE DE PHYSIQUE ET D'HISTOIRE NATURELLE DE FLORENCE, A M. ARAGO.
ANCIENNES OBSERVATIONS FAITES PAR LES MEMBRES DE l'ACADÉMIE DEL CIMENTO SUR LA MARCHE DU PENDULE.

*Comptes Rendus des Séances de l'Académie des Sciences (1851), Paris, **32**, 635-636.*

Dès que nous avons eu connaissance de l'ingénieuse démonstration matérielle de la rotation de la terre dont M. Foucault a enrichi la science, nous nous sommes hâtés de la répéter, en construisant l'appareil nécessaire, qui nous a paru très bien placé à côté de la tribune du grand Galilée. A cette occasion, il était bien naturel de rechercher si, dans les nombreuses expériences faites sur le mouvement du pendule par les Académiciens del Cimento, enregistrées dans la riche collection des manuscrits de la Bibliothèque de S. A. I. et R. le Grand Duc, on trouverait quelque chose d'analogue à l'observation de M. Foucault, d'autant plus que M. Puliti se souvenait d'avoir lu que nos Académiciens avaient noté des faits particuliers concernant les oscillations de cet instrument. En effet, après avoir consulté les manuscrits en question, nous avons trouvé exposée bien clairement, à ce qu'il nous semble, l'observation dont M. Foucault a fait une si heureuse application. Vous en jugerez par vous-même. Je vous transcris ci-dessous la Note inédite que l'on trouve dans les manuscrits autographes de Vincent Viviani sur le mouvement du pendule, et deux paragraphes qui ont rapport au sujet en question, et qui sont imprimés, l'un dans les Sagfii di Naturali Esperienze, edizione del page 20, et l'autre dans les Notizie degli Aggrandimenti delle Scienze fisiche in Toscana, publiées par Targioni, tome II, 2e partie, page 669.

Dans l'intérêt de l'histoire de la science, dont vous vous montrez toujours expositeur si consciencieux, la Notice que je viens de vous communiquer m'a paru digne de votre attention, d'autant plus qu'elle n'ôte rien an mérite éminent de votre illustre concitoyen.

Note inédite : Osservammo che tutti i Penduli da un sol filo de viano dal primo verticale e sempre per il medesimo ; verso, civè secondo le linee AB, CD, EF, etc da destra verso sinistra delle parti anteriori.

Saggi di Naturali Esperienze, etc.

Ma perché l'ordinario pendolo a un sol filo in quella sua libertà di vagare (qualunque ne sia la cagione) insensibilmente va traviando dalla prima sua gita, e verso 'l fine, secondo ch'ei s'avvicina alla quiète, il suo movimento non è più per un arco verticale, ma par fatto per una spirale ovata, in cui più non posson distinguersi ne noverarsi le vibrazioni ; quindi è che, solamente a fine di fargli tener fin all'ultimo l'istesso cammino, si pensô d' appender la palla a un fil doppio.

TARGIONI, Aggrandimenti, etc.

A di 28 novembre I66I. Ricevuta la punta di un dondolo attaccato ad un filo solo, quando comincia a inlanguidirsi il suo moto, che lasciato di vibrare và in spire, sopra polveré di marmo vi disegna il suo viaggio, che è una spirale ovata, che sempre và restringendosi verso il centro.

REMARQUES DE M. POINSOT SUR L'INGÉNIEUSE EXPÉRIENCE IMAGINÉE PAR M. LÉON FOUCAULT POUR RENDRE SENSIBLE LE MOUVEMENT DE ROTATION DE LA TERRE.

Comptes Rendus des Séances de l'Académie des Sciences (1851), Paris, 32, 206-207.

Je remarque d'abord que le phénomène dont il s'agit dans cette expérience ne dépend du fond, ni de la gravité, ni d'aucune autre force. Le mouvement qu'on observe dans le plan d'oscillation d'un pendule simple, et par lequel ce plan parait tourner autour de la verticale dans le même sens que les étoiles, et qui ferait ainsi un tour entier en vingt-quatre heures si l'on était au pôle, et ne fait de ce tour qu'une fraction marquée par le sinus de la latitude du lieu où l'on fait l'expérience, ce mouvement, dis-je, est un phénomène purement géométrique, et dont l'explication doit être donnée par la simple géométrie, comme l'a fait M. Foucault, et non point par des principes de dynamique qui n'y entrent pour rien.

Le problème est de trouver sur la terre quelque objet ou quelque plan dont on puisse assurer qu'il demeure fixe dans l'espace absolu, ou du moins qu'il ne participe pas au mouvement de rotation que la terre pourrait avoir autour de la verticale du lieu de l'observateur. Car si l'on a un tel plan, et qu'on le voie tourner autour de la verticale dans un certain sens, il est manifeste que ce sera la terre elle-même qui tourne en sens contraire.

Toute la difficulté de la question est donc de se procurer, sur la terre, quelque plan qui jouisse de la propriété qu'on vient de dire.

M. Foucault prend dans cette vue le plan d'oscillation d'un pendule libre suspendu par un fil flexible ; et en effet, il est assez clair que ce pendule, étant écarté de sa position d'équilibre, doit se mouvoir dans un plan vertical qui ne participe point à la rotation de la terre *estimée* autour de la verticale. Ce plan, par la rotation de la terre estimée autour de l'*horizontale*, peut bien changer de place, mais il ne change point d'orientation sur le globe. Ainsi le plan que M. Foucault a choisi remplit bien son objet, et, par les soins délicats qu'il a mis à la construction de son appareil, l'expérience a parfaitement réussi.

Mais j'ai songé que ce plan d'oscillation d'un pendule pourrait être remplacé par un autre plus persistant, et qu'on pourrait observer aussi longtemps qu'on le voudrait sans toucher à l'appareil. Ce serait, par exemple, de considérer un ressort coudé dont les deux branches égales auraient été, plus ou moins, rapprochées l'une de l'autre, et liées ensemble, aux deux bouts, par un fil qui les maintiendrait dans cet état.

Ce ressort ainsi plié serait, au sommet de l'angle, suspendu suivant la verticale, et on lui donnerait la plus grande liberté possible pour tourner sur cette verticale. Le corps étant dans cet état et en repos, je suppose qu'on vienne couper le fil qui retenait ensemble les deux branches; l'angle du ressort s'ouvre, et détermine un plan, qui ne peut tourner autour de la verticale qu'avec une vitesse angulaire v', plus petite que la vitesse v qu'il avait autour de la même ligne, quand les deux branches n'en formaient pour ainsi dire qu'une seule.

Et, en effet, par notre opération, la masse du corps n'est pas changée, mais son moment d'inertie a, relatif à la verticale, est augmenté et devenu A ; et, comme le couple a.v qui l'animait dans l'état primitif, reste égal au couple A.v' qui l'anime actuellement, on a l'équation av = Av', d'où l'on tire

$$v' = \frac{a}{A} \cdot v$$. Si donc la terre tourne sur la verticale

avec la vitesse v, notre plan nous paraîtra tourner en sens contraire avec une vitesse

$$\phi = v - v' = v\frac{A-a}{A}$$. De cette vitesse observée ϕ,

on conclura v ; et, si l'on nomme λ la latitude, on aura (en prenant le jour sidéral pour unité de temps),

$$\sin \lambda = \frac{v}{2\omega}$$; d'où l'on voit que la machine

pourrait donner, au besoin, la latitude du lieu où l'on fait l'expérience.

Je n'ai pas le temps d'entrer ici dans plus de détails ; j'y reviendrai, s'il est nécessaire. Je sais, d'ailleurs, que M. Foucault, qui assistait à la séance, a sur-le-champ saisi mon idée, et qu'il se propose de construire cette machine délicate, ou toute autre équivalente, qui serait également propre à fournir une nouvelle preuve du mouvement de rotation de la terre.

NOUVEL EXAMEN DE LA QUESTION RELATIVE AUX OSCILLATIONS TOURNANTES DU PENDULE A LIBRE SUSPENSION, EN AYANT ÉGARD A L'INFLUENCE DE LA ROTATION DE LA TERRE ; PAR M. PONCELET

Comptes rendus des séances de l'Académie des Sciences ; lundi 24 septembre 1860 ; présidence de M. Chasles. (tome LI n° 15 , 1860 ; 2ème semestre ; pp. 467 à 476)

Je me propose ici d'entretenir l'Académie des Sciences de l'une des intéressantes et épineuses questions de dynamique appliquée, que j'ai l'intention de publier prochainement, questions dont plusieurs m'ont beaucoup préoccupé pendant ma longue carrire d'ingénieur et de professeur, sans que j'aie trouvé l'occasion et le loisir de les approfondir et de les rédiger avec les développements que réclame leur utilité pratique ou l'importance et les difficultés de leur solution mathématique. De ce nombre sont celles qui concernent le mouvement relatif ou obligatoire des points pesant sur les courbes ou surfaces matérielles et continues diversement mobiles ou entraînées dans l'espace, problèmes étudiés anciennement avec tant d'intérêt par les Euler, les Bernouilli, les Clairaut, et auxquels se rattachent évidemment ceux qui concernent la théorie des diverses roues hydrauliques, du mouvement des projectiles et du pendule, plus ou moins entraînés dans la rotation diurne de notre globe.

A l'égard du pendule dont je prétends m'occuper plus particulièrement, au point de vue théorique, ce merveilleux instrument, envisagé dans son acception la plus générale comme fournissant, avec une précision extrême, par ses oscillations répétées ou son état d'équilibre stable, la mesure et la direction des plus petites forces natuelles, on ne doit pas oublier, comme cela se fait trop souvent à notre époque, qu'entre les mains de Galilée, d'Huygens et de Newton, il a été, mais seulement après les découvertes du premier d'entre eux, relatives à la loi de la chute des graves, de celle de l'inertie et de l'indépendance de l'action des forces continues par rapport au mouvement déjà acquis, le véritable fondement ou point de départ des principes les plus généraux de la dynamique, tandis qu'entre les mains non moins habiles des successeurs de ces grands hommes, il est devenu une source également admirable, des plus précieuses comme des plus utiles découvertes de la physique moderne et des sciences ou des arts nombreux qui s'y attachent. D'un autre côté et quant à ce qui concerne plus spécialement le pendule usuel ou servant à mesurer le temps par ses oscillations périodiques, on doit observer qu'il y a une grande distinction à établir entre le pendule *stationnaire* et le pendule *oscillant*, *entièrement libre* ou *captif*, c'est-à-dire contraint d'osciller autour d'un axe horizontal fixe o déterminé ; ensuite que les découvertes dont il a été parlé en dernier lieu, comme se rattachant à ce délicat et précis instrument, sont entièrement dues à des physiciens ou géomètres expérimentateurs, tels que Bouguer, La Condamine, Borda, Coulomb, Cavendish, Oersted, Ampère, etc., aux noms desquels il faut bien joindre celui de Dubuat, qui, le premier, a établi expérimentalement les lois capitales de la résistance que les fluides opposent au mouvement des corps oscillants de diverses formes et volumes [*Principes d'Hydraulique, t. II, sect. I et II, ou Introducion à la mécanique industrielle (Metz, 1829 à 1841), contenant un résumé rapide des principaux résulatats des expériences de Dubuat, concernant la résistance des fluides (p. 586 et suiv.*)] : découverte fort injustement attribuée au célèbre astronome Bessel de Koenigsberg, qui, il est vrai, après l'avoir soumise à de nouvelles vérifications expérimentales, en a appliqué le résultat à la correction de la formule ordinaire du pendule oscillant dans l'air atmosphérique, et dont, suivant cette remarquable loi, la masse doit être augmentée de celle du fluide *déplacé, entraîné*, sans que la résistance du milieu ait d'ailleurs, sur la marche même des oscillatins, d'autre influence que d'en réduire progressivement l'amplitude ou l'étendue angulaire.

Ces déductions si simples des persévérantes expériences de Dubuat, celles surtout qui concernent, en général, la masse du fluide entraîné par les corps en mouvement dans un milieu fluide en repos, auraient, je veux bien l'admettre, pu être devinées à priori, d'après la connaissance des lois générales de la dynamique, de même qu'elles ont, depuis, été commentées, interprétées par l'illustre Poisson, au moyen d'une savante analyse d'ailleurs fort discutable en principe ; mais cela n'ôte rien au mérite de la découverte de notre célèbre ingénieur, dont les droits me paraissent aussi bien établis, à cet égard, que le sont ceux de M. Foucault à la démonstration si brillante de la rotation de la Terre au moyen du pendule débarrassé, autant que faire se peut, de toute entrave : démonstration que de savants géomètres, en France, se sont à l'envi empressés, sinon de justifier, ce qui était peu nécessaire sans doute, du moins d'interpréter, de vérifier en quelque sorte à postériori, en y appliquant diversement les lois abstraites du calcul ou du raisonnement géométrique.

Or, bien que M. Foucault ait nettement indiqué, dans son Mémoire inséré en 1851 dans les *Comptes rendus de l'Académie des Sciences*, la la signification qu'il attache au principe, à l'idée de la *persistance du plan des oscillations pendulaires dans l'espace libre*, sur lequel sa démonstration expérimentale repose, principe qui n'avait point été énoncé avant lui, et qu'il ne faut pas confondre, comme cela se fait quelquefois par analogie, avec la loi de l'inertie attachée à la matière proprement dite ; bien encore que notre ingénieux physicien en ait également fait la très heureuse et délicate application à l'appareil de physique nommé *gyroscope*, il n'en est pas moins vrai qu'on a tenté de jeter du doute sur l'origine et la portée des belles découvertes qui en ont été la conséquence, mais qui n'étaient ni aussi simples, aussi faciles à faire qu'elles le paraissent aujourd'hui à quelques personnes, puisqu'elles ont échappé à Galilée lui-même, dans ses observations sur le balancement des lustres, à longue suspension, de la cathédrale de Pise, et à ses savants disciples, si intéressés pourtant à trouver une preuve directe de la rotation de la Terre. Car ce qu'on a rapporté [*Comptes rendus des séances de l'Académie des Sciences, t. XXXII, p. 635 (année 1851)*] des expériences de Vincent Viviani ne prouve qu'une chose : c'est que ce célèbre mathématicien, en remarquant, non sans surprise, la gyration inévitable, les déviations tournantes des oscillations de son pendule à libre suspension, était loin de soupçonner qu'elles fussent précisément dues à cette même rotation, en vertu des lois de l'inertie et du mouvement relatif déjà observées à cette époque par Galilée et Torricelli, dans la trajectoire parabolique des projectiles et dans diverses autres circonstances.

Il faut pourtant bien qu'il y ait, même dans un siècle aussi savant que le nôtre, quelque mérite à la révélation de l'idée, du fait, du principe si l'on veut, qui sert de point de départ aux belles expériences et inventions de M. Foucault, pour que la tendance si manifeste du pendule libre à la gyration transversale, loin de servir de trait de lumière aux nombreux successeurs de Galilée, physiciens ou géomètres, les ait contraints de recourir à des moyens plus ou moins délicats et rationnels, d'y mettre obstacle sans multiplier par trop les gênes et les frottements divers. Enfin il faut bien qu'il en soit ainsi encore, pour qu'un géomètre de la trempe de M. Poisson, dans son Mémoire de 1826, ait affirmé, d'une manière générale et comme un résultat positif de très savants calculs que « les oscillations du pendule sont indépendants de la rotation diurne de la Terre et les mêmes dans tous les azimuths autour de la verticale ; ce qu'il était bon de faire voir, ajoute l'auteur, vu le degré de précision que l'on apporte maintenant dans les mesures du pendule à secondes en différents lieux de la Terre [*XXVIe Cahier du Journal de l'École Polytechnique, t. XVI, p. 22*] », phrase qui reste vraie néanoins, si l'on n'entend parler que de la durée même des oscillations périodiques du pendule, que l'illustre géomètre avait uniquement en vue, sans aucun doute, et non de la dérivation tournante du prétendu plan d'oscillation azimutal du fil de suspension, dont la direction varie, en réalité, à chaque instant ou pendant la durée même d'une demi-oscillation.

D'autre part, si le principe, l'hypothèse de l'invariabilité relative de direction de ce plan dans l'espace libre, avancé par M. Foucault, et justifié à ses yeux par divers faits d'observation, a été admis, notamment par M. Poinsot [*Comptes rendus des séances de l'Académie des Sciences ; t. XXXII, p. 206*] et cela sans aucune hésitation, comme base suffisante de démonstration, de la loi de rotation de ce plan en fonction de la latitude de chaque lieu, également indiquée par notre habile physicien, non comme un résultat immédiat de ses expériences, ce qui est vraiment regrettable, mais bien comme une déduction tirée, par lui, d'un raisonnement géométrique à priori ; si, en un mot, M. Poinsot a admis, comme chose évidente en soi, que « cette rotation apparente ne dépend, au fond, ni de la gravité, ni d'aucune autre force, qu'elle est un phénomène purement géométrique et dont l'explication doit être donnée par la simple géométrie, comme l'a fait M. Foucault et non point par des principes de dynamique qui n'y entrent pour rien », en revanche M. Binet et d'autres savants après lui, rejetant ce soi-disant principe, sans doute comme n'étant pas, à leur sens, suffisamment démontré, ont entrepris de traiter la question exclusivement par les principes généraux et incontestables de la mécanique analytique ; c'est-à-dire en partant des équations différentielles du mouvement apparent à la surface de la Terre, attribuées à M. Poisson ; ce qui conduit à une vérification à postériori de la loi des oscillations tournantes, et consistant, comme l'a énoncé lui-même M. Foucault, « en ce que le déplacement angulaire du plan d'oscillation est égal au mouvement angulaire de la Terre dans le même temps, multiplié par le sinus de la latitude. »

Malheureusement l'analyse différentielle ne parvient à ce remarquable résultat que par les méthodes d'intégration approximatives et discutables dont il a été précédemment parlé ; de sorte qu'il ne s'agirait là que d'une loi, d'une vérité purement relative ou conditionnelle, mais non point absolue ; ce qui a laissé dans l'esprit de beaucoup de personnes, un doute fâcheux, qui ne se dissipera qu'à l'aide de procédés, de démonstrations entièrement irréprochables. Car, au fond, les principes généraux de mécanique dont cette analyse procède, ne sauraient en eux-mêmes avoir tort, et il faut bien admettre que, dans le cas mixte d'entraînement relatif qui nous occupe, la masse du pendule n'est pas, à l'égard du globe terrestre, dans l'état absolu de liberté ou d'indépendance qui appartient, par exemple, aux projectiles ordinaires quand on fait abstraction de la résistance de l'air ; ce qui exige, quoi qu'on fasse, de recourir directement, avec M. Binet, aux équations différentielles du mouvement apparent déjà mentionnées, ou à la considération équivalente des forces centrifuges composées, qui, par elles-mêmes, compliquent si singulièrement la solution des problèmes relatifs à ce genre de mouvements.

Pour simplifier la mise en équations dans cette dernière hypothèse, et élucider en quelques points la question, on pourrait, à la rigueur, se contenter de rechercher la loi du mouvement pendulaire en projection orthogonale sur le plan de l'équateur terrestre : chose facile, puisque, d'après des considérations purement géométriques qu'il serait inutile de rapporter ici, la force centrifuge composée y a précisément pou expression

$$F = 2m\varpi u \; ou \; 2m\varpi\frac{ds}{dt} \quad ,$$

où ϖ représente la vitesse angulaire de la rotatin diurne de la Terre, de rayon R ; ds l'arc, perpendiculaire ou normal à F, que décrit en projection, pendant l'élément de temps dt, le centre de gravité M de la masse m ou du poids mg, suspendu à l'extrémité inférieure du pendule, dont le centre fixe de suspension est, je suppose, représenté sur le plan de l'équateur terrestre par le point O, pris pour origine des coordonnées x et y de M, mesurées sur les axes rectangulaires OX, OY, dont le second est dirigé vers le centre C de la Terre, et le premier à droite de OC, se confond en direction, avec la projection ou portion occidentale de la tangente au parallèle qui répond à l'origine O et au point de suspension du pendule.

Nommant, de plus, λ la latitude de ce parallèle, de ce point de suspension, g, l'accélération relative à l'action directe de la gravité terrestre sur m, dirigée vers le centre C (accélération qu'il ne faut pas confondre avec celle g de la pesanteur), et dont la projection sur le plan de l'équateur, dirigée de M vers C, a pour expression $g_1\dfrac{CM}{R}$: la force d'attraction correspondante étant mesurée par $mg_1\dfrac{CM}{R}$, en supposant, comme d'habitude, que les dimensions, les écarts du pendule soient infiniment petits par rapport à la distance au centre de la Terre. La force centrifuge due au mouvement circulaire avec lequel la masse m est entraînée dans le mouvement diurne du globe, parallèlement à l'équateur, étant, d'autre part, représentée par le produit m ϖ^2 CM, et dirigée suivant le prolongement de CM, en sens contraire de la force attractive ci-dessus, la différence

$$m.CM\left(\frac{g_1}{R}-\varpi^2\right)=m.CM\left(\frac{g_1\,cos\lambda}{CO}-\varpi^2\right)$$

représentera, en projection, la résultante même de ces deux forces.

Enfin, si l'on nomme α l'angle MOX formé par le rayon vecteur OM$=\rho$ de la trajectoire de M avec l'axe des x positifs censé à droite de OC, la force d'inertie relative et totale agissant sur m, considérée en projection sur le plan de l'équateur ou des axes OX et OY, emportés, par hypothèse, avec la trajectoire de M, dans le mouvement diurne de ce plan, cette force aura, comme on sait, pour moment par rapport à O, $\rho^2\,d\alpha$, double de l'aire décrite par OM autour de O pendant dt ; et comme, d'autre part, on trouve sans difficulté, par des considérations purement géométriques, pour le moment relatif au point O, des forces centrifuges d'entraînement circulaire et angulaire de m, je veux dire, des forces centifuges ordinaire et composée dont les valeurs m sont indiquées ci-dessus, comme on obtient, dis-je, pour le moment de ces forces, les expressions très simples

$$m\frac{CM}{R}\left(g_1-\varpi^2 R\right)\frac{CO}{CM}x=m\left(g_1-\varpi^2 R\right)cos\lambda x \quad \ldots$$

$$\ldots$$

$$2\,m\,\varpi\rho\,\frac{d\rho}{dt}$$

il viendra, par le théorème relatif aux moments des *impulsions ou aux aires* (*Additions au chap. II des Éléments de Mécanique de M. Résal, p. 192 et suivantes*, n^{os} *54' et 59'*) puisqu'il y a antagonisme obligé entre les moments des forces d'inertie et d'entraînement angulaire par rapport à celle de la gravité terrestre,

$$d\left(\rho^2\frac{d\alpha}{dt}\right)+2\varpi\rho\,d\rho=\left(g_1-\varpi^2 R\right)\cos\lambda x\,dt \quad,$$

équation d'où a naturellement disparu le moment relatif à la tension inconnue du fil de suspension, agissant de M vers O, sur le plan de l'équateur, et qui, en attribuant à g_1 - ϖ^2 R la valeur g qu'on lui connaît, prendra la forme, encore plus concise,

$$d\left[\rho^2\left(\frac{d\alpha}{dt}+\varpi\right)\right]= g\cos\lambda\, xdt = g\cos\lambda\rho\cos\alpha dt \quad ,$$

dont l'interprétation géométrique est très facile, d'après le théorème des moments cité plus haut, et qui, sous un énoncé un peu différent, revient à celui des aires dû à Newton, puis généralisé par Darcy et Euler. Car il s'agit ici d'un mouvement apparent où le déplacement angulaire dα du rayon vecteur ρ, par rapport à l'axe OX, doit être augmenté ou diminué, selon le sens des rotations, du déplacement différentiel ϖ dt correspondant au mouvement absolu de l'équateur terrestre : chose en quelque sorte évidente en soi, la seule que le raisonnement puisse justifier à priori comme exprimant la loi des déviations tournantes du fil de suspension du pendule, relative, non à la durée finie de ses oscillations, mais bien à celle de chacun des intervalles dt du temps qui s'y rapportent.

En développant cette équation et supprimant le facteur variable ρ commun à tous ses termes, ce qui est permis en toute rigueur, la condition $\rho = 0$, ne pouvant convenir qu'à l'état d'équilibre stable du pendule, elle prendra la forme définitive

$$\rho \frac{d^2\alpha}{dt^2} + 2\frac{d\rho}{dt}\left(\frac{d\alpha}{dt} + \varpi\right) = g\cos\lambda\cos\alpha \quad ,$$

sous laquelle elle paraît peu susceptible de réduction ultérieure et d'intégration immédiate, à moins d'introduire de prime abord dans la question, c'est-à-dire avant toute détermination des constantes arbitraires, etc. quelque hypothèse plus ou moins permise physiquement.

Par exemple, au pôle, où l'on a rigoureusement $\cos\lambda = 0$, cette équation devient

$$\rho \frac{d^2\alpha}{dt^2} + 2\frac{d\rho}{dt}\left(\frac{d\alpha}{dt} + \varpi\right) = 0 \quad ,$$

dont l'intégrale générale, en désignant par C la constante arbitraire et rétablissant le facteur ρ d'abord supprimé, est évidemment

$$\rho^2\left(\frac{d\alpha}{dt} + \varpi\right) = C \quad ,$$

résultat d'une interprétation géométrique également facile, mais qui, dans sa forme générale, s'accorde assez peu avec les propositions antérieurement admises relativement à la loi des oscillations apparentes du pendule conique, à la hauteur des pôles, puisque α représente réellement l'angle que décrit le plan vertical ou azimutal du fil de suspension.

Supposant notamment, d'après l'hypothèse ordinaire, qu'ayant amené un tel pendule à la position d'immobilité, oblique, pour laquelle la vitesse angulaire apparente $\frac{d\alpha}{\alpha t}$ est nulle et $\rho = \rho_0$, on vienne, tout à coup, à le lâcher sans vitesse initiale, il en résultera

$$C = \varpi \, \rho_0^2 \, ,$$

et par conséquent, à une époque quelconque du mouvement ,

$$\frac{d\alpha}{dt} + \varpi = \varpi \, \frac{\rho_0^2}{\rho^2} \quad ,$$

ce qui indique, en effet, même au pôle, une loi de rotation fort compliquée indépendamment d'ailleurs des faibles perturbations qui peuvent provenir du mode d'attache, de la constitution élastique du fil de suspension, ainsi que de la variabilité de sa tension sous l'action combinée de la pesanteur et de la force centrifuge. Car la seule hypothèse que nous nous soyons permise dans ce qui précède, c'est que la distance de la masse m, au centre de la terre, soit rigoureusement constante dans ses diverses positions.

Si, au lieu de supposer nulle, comme on vient de le faire, la valeur initiale de la vitesse angulaire $\dfrac{d\alpha}{\alpha t}$ du rayon vecteur ρ, autour de O, on lui en attribuait une, $-\varpi$, égale et précisément contraire à celle de la rotation diurne du globe, la constante arbitraire C, serait également nulle, et l'équation différentielle du mouvement azimutal, toujours à la hauteur du pôle, deviendrait plus simplement

$$\rho^2\left(\frac{d\alpha}{dt}+\varpi\right)=0 \quad ,$$

à laquelle on peut satisfaire pour tous les instants, soit par la condition $\rho=0$, qui doit être écartée puisqu'elle convient purement au pendule d'équilibre ou *stationnaire*, soit par la relation toute spéciale

$$\frac{d\alpha}{dt}+\varpi=0 \quad ,$$

qui donne

$$\alpha= \alpha_0 - \varpi t \, ,$$

la longueur de la tige du pendule étant quelconque, c'est-à-dire petite ou grande, relativement à l'amplitude des excursions, et α_0 mesurant, au moment du départ, l'écartement, sur le plan de l'équateur relevé ici à la hauteur du pôle si l'on veut, par rapport à l'axe OX, alors totalement arbitraire et emporté dans le mouvement diurne de ce plan, autour de l'axe terrestre, confondu avec la verticale même du point de suspension du pendule.

Mais je ne m'arrêterai pas à cette discussion relative à un cas de projection horizontale, auquel je me propose de revenir, ci-après, d'une manière plus générale, et je me borne à faire observer que, quand on suppose le point de suspension du pendule situé, non au pôle, mais bien dans le plan même de l'équateur, il n'en résulte aucune simplification essentielle dans l'état du problème ou de l'équation générale d'abord considérée, puisqu'on a simplement alors, à cause de $\lambda=0$,

$$\rho\frac{d^2\alpha}{dt^2}+2\frac{d\rho}{dt}\left(\frac{d\alpha}{dt}+\varpi\right)=g\cos\alpha \quad ,$$

équation tout aussi complexe, en effet, que celle d'où elle provient, par suite de la présence inévitable du terme relatif à la pesanteur, jointe à celle de la variable indépendante t, qui obligerait de recourir, comme dans la théorie ordinaire du pendule, à l'équation correspondante des forces vives, d'où ϖ aurait d'ailleurs forcément disparu.

Sans aller plus loin, il semble résulter à priori de ces considérations géométriques, que, à moins de circonstances exceptionnelles ou d'artifices particuliers dans la mise en action du pendule conique, il ne saurait, même au pôle ou à l'équateur, suivre, dans ses oscillations tournantes par rapport à la verticale, les lois simples qu'on lui avait de prime abord attribuées.

Toutefois, comme j'ai principalement considéré ces lois en projection sur le plan de l'équateur, il est bon de montrer que la remarque subsiste, à fortiori, pour le cas généralement traité par les auteurs, où la projection se fait sur le plan horizontal même du point de suspension, plan pour lequel le terme de relatif à la pesanteur disparaît naturellement. C'est ce que je me propose de faire dans le *Compte rendu* de la prochaine séance de l'Académie, avec le développement nécessaire pour amener la conviction dans l'esprit du lecteur.

LE PENDULE DE LÉON FOUCAULT.
MÉMOIRE de M. J. A. SERRET.

Comptes rendus des séances de l'Académie des Sciences ; séance du lundi 19 janvier 1872
Présidence de M. Faye.

Le 3 février 1851, Léon Foucault faisait connaître à l'Académie sa mémorable expérience.

Dans cette expérience, le pendule est réduit à sa plus grande simplicité, et le phénomène que l'on observe semble consister uniquement dans un mouvement progressif et uniforme du *plan d'oscillation*, mouvement dont la vitesse est égale à la vitesse angulaire de rotation de la terre multipliée par le sinus de la latitude du lieu de l'observateur.

Les idées théoriques qui avaient été le point de départ des recherches de l'illustre physicien se trouvaient ainsi confirmées expérimentalement de la manière la plus éclatante.

Toutefois, le phénomène dont il s'agit est loin d'offrir un tel degré de simplicité, et Foucault, lui-même, avait assurément le sentiment des difficultés qu'il présente. Car, si ces difficultés disparaissent à ses yeux, dans le cas d'un pendule établi au pôle et dont le point de suspension serait placé sur le prolongement de l'axe de rotation de la terre, il n'en est plus ainsi quand on descend vers nos latitudes, où l'appareil entier se trouve entraîné dans le mouvement diurne. « Le phénomène se complique alors, dit-il, d'un élément assez difficile à apprécier et sur lequel je souhaite bien vivement d'attirer l'attention des géomètres. »

Cet appel fut entendu, et Binet présenta à l'Académie, dans les séances des 10 èt 17 février 1851, un Mémoire analytique très élégant dans lequel l'auteur conclut de ses formules le mouvement uniforme du plan d'oscillation du pendule, autour de la verticale, du nord vers l'est ou du sud vers l'ouest, conformément à la théorie de Foucault confirmée par l'expérience.

Le Mémoire de Binet fut suivi de deux Communications faites à l'Académie, l'une par notre savant confrère M. Liouville, la seconde par Poinsot.

Le Compte rendu de la séance du 10 février 1851 mentionne qu'à l'occasion du Mémoire de Binet, M.Liouville expose de vive voix, avec détails, une méthode qui lui paraît rigoureuse aussi; cette méthode est fondée sur l'examen successif de ce qui arriverait 1° à un pendule oscillant au pôle; 2° à un pendule oscillant à l'équateur, soit dans le plan même de l'équateur, soit dans le méridien, soit enfin dans un plan vertical quelconque. On passe le là au cas d'un pendule oscillant à telle latitude que l'on voudra, par la considération dont parle M. Binet, c'est-à-dire en décomposant la rotation de la terre autour de son axe en deux rotations autour de deux axes rectangulaires, dont l'un est la verticale du lieu de l'observateur. « L'idée est bien simple, dit M. Liouville elle a dû se présenter à tout le monde après la Communication de M. Foucault, qui rendait tout facile, mais les développements que j'ai ajoutés constituent, je crois une démonstration mathématique qui se suffit à elle-même et qui donne tout ce que peut donner le calcul. »

Dans sa Communication du 17 février 1851, Poinsot se refuse absolument à admettre l'intervention de l'analyse et même celle des principes de la dynamique pour l'explication de l'expérience de

Foucault. « Je remarque, dit-il, que le phénomène dont il s'agit, dans cette expérience, ne dépend au fond, ni de la gravité, ni d'aucune autre force. Le mouvement qu'on observe dans le plan d'oscillation d'un pendule simple, et par lequel ce plan paraît tourner autour de la verticale dans le même sens que les étoiles, et qui ferait ainsi un tour entier en vingt-quatre heures, si l'on était au pôle, et ne fait de ce tour qu'une fraction marquée par le sinus de la latitude du lieu où l'on fait l'expérience; ce mouvement, dis-je, est un phénomène purement géométrique, et dont l'explication doit être donnée par la simple géométrie, comme l'a fait M. Foucault, et non point par des principes de dynamique qui n'y entrent pour rien. A quelque point de vue que l'on se place, il est difficile d'accepter une appréciation aussi absolue. Chacun le sait, en effet, si l'on rapporte les mouvements qui se produisent à la surface de la terre à des axes liés invariablement à notre globe, l'équation générale de la dynamique est exactement la même que si les axes étaient fixes dans l'espace absolu, pourvu qu'aux forces qui agissent réellement sur les corps que l'on considère on adjoigne, indépendamment de la force centrifuge qui se combine avec l'attraction de la terre pour constituer la pesanteur, certaines autres forces fictives auxquelles on a donné, dans ces derniers temps, le nom de forces centrifuges composées.

Ainsi, dans le cas particulier du pendule, les choses se passent exactement de la même manière que si la terre n'avait aucun mouvement de rotation et que le pendule fût sollicité à la fois par la pesanteur et par la force centrifuge composée. C'est donc cette force centrifuge, dont les effets avaient été méconnus jusqu'à Foucault, qui fait que le mouvement du pendule diffère de ce qu'il serait si la terre ne tournait pas, et dès lors on ne saurait comprendre comment les principes de la dynamique n'auraient pas à intervenir dans la question.

L'opinion de Poinsot ne fut pas tout d'abord combattue dans le sein de l'Académie; mais, dix ans plus tard environ, elle trouva un contradicteur des plus autorisés dans notre regretté confrère le général Poncelet, qui se livra à un nouvel examen de la question relative aux oscillations tournantes du pendule, et qui fit connaître à l'Académie le résultat de ses réflexions dans les séances des 24 septembre et ler octobre 1860.

Le Mémoire de Poncelet est surtout une œuvre de critique. On y rencontre ce sentiment profond des choses de la mécanique qui distinguait son illustre auteur; mais les aperçus qui y sont présentés en vue d'une solution générale du problème qu'il s'agit de résoudre ne me paraissent pas de nature à remplir cet objet.

Il ne faudrait pas toutefois conclure de mes paroles que le travail de Poncelet soit, à mes yeux, dénué d'importance; je le regarde, au contraire, comme une pièce des plus essentielles dans l'histoire de la découverte de Léon Foucault. Poncelet a rectifié, dans le Mémoire dont je parle, plusieurs idées fausses qui étaient à peu près admises sans contestation, comme par exemple la notion du prétendu plan d'oscillation. Tout en faisant un éloge très mérité du Mémoire de Binet, le grand géomètre a fait ressortir très justement l'insuffisance de l^analyse développée dans ce Mémoire, où l'auteur suppose arbitrairement que la tension du fil de suspension peut être supposée égale à l'accélération de la pesanteur, ce qui revient à considérer sa longueur comme infinie relativement à l'amplitude des oscillations.

D'autres savants distingués ont publié, après Binet, des essais dirigés vers le même but; mais leur analyse, plus ou moins analogue à celle de ,leur devancier, altère, comme celle-ci, les équations différentielles du problème ; les résultats obtenus demeurent ainsi sujets à contestation, et ne sauraient constituer, en tout cas, qu'une solution défectueuse ou au moins incomplète.

Je suis donc fondé à dire que la question du pendule de Foucault attendait encore une véritable solution, et j'ajoute qu'une telle solution ne saurait être obtenue qu'en prenant pour point de départ les intégrales rigoureuses des équations différentielles, qui se rapportent au mouvement du pendule conique, dans le cas où l'on fait abstraction de la rotation de la terre, et en discutant ensuite les altérations que ces intégrales doivent subir quand on veut passer du cas idéal, dont je viens de parler, au cas de la nature. En un mot, la méthode de la variation des arbitraires, judicieusement appliquée, me paraît être, dans l'état actuel de l'analyse, le seul moyen de remplir l'objet qu'on doit se proposer. La force centrifuge composée, qui nait de la rotation de la terre, est très petite, et elle peut être regardée comme étant du genre de celles qu'on nomme perturbatrices; le mouvement du pendule, dans le cas de la nature, sera dès lors un mouvement troublé, le mouvement non troublé étant celui qui aurait lieu sans la rotation de la terre. J'ai à peine besoin de faire remarquer que le cas des oscillations planes, dans le mouvement non troublé, n'est qu'un cas particulier des oscillations coniques, et qu'il répond à une valeur déterminée de l'une des arbitraires, laquelle ne cesse pas d'être variable dans le mouvement troublé.

Une tentative dans la voie que je viens d'indiquer a été faite par un géomètre de Kœnigsberg, M. W. Dumas, qui a publié dans le tome L du Journal de Crelle, deux Mémoires très étendus, remarquables à plus d'un titre, sur le mouvement du pendule en ayant égard à la rotation de la terre; mais la complication excessive de l'analyse développée par l'auteur ne permet guère d'accepter comme définitive la solution qu'il a présentée.

Tel était l'état de la question, lorsque j'ai été conduit récemment à m'en occuper à l'occasion de mes leçons au Collège de France. J'ai reconnu bientôt qu'en suivant la marche que j'ai tracée plus haut, il était possible d'obtenir une solution aussi simple et élégante que rigoureuse, et qui servira, je l'espère, à faire disparaître les incertitudes qui restent encore à ce sujet dans l'esprit de quelques personnes. C'est cette solution que j'ai l'honneur de présenter aujourd'hui à l'Académie, et que j'ai cru devoir ,faire précéder d'un exposé succinct des recherches et des opinions des savants qui, avant moi, se sont occupés de la question.

Je prends pour point de départ les expressions connues des composantes de la force centrifuge composée, suivant trois axes rectangulaires dont l'origine est au point de suspension du pendule, et qui sont dirigés l'un suivant la verticale, dans le sens de la pesanteur, le deuxième vers l'est et le troisième vers le nord ce sont les expressions que Poisson a formées dans son Mémoire sur le mouvement des projectiles, et dont Binet a fait usage; elles résultent immédiatement des formules générales qui se rapportent aux mouvements relatifs, et elles peuvent être obtenues d'ailleurs de diverses manières. Les équations différentielles du mouvement que l'on obtient ainsi ont une rigueur absolue, en admettant toutefois, comme il est évidemment permis de le faire, l'invariabilité de la pesanteur dans la petite étendue qu'embrasse le phénomène dont il s'agit.

L'intégration des équations différentielles, dans le cas du mouvement non troublé, n'offre aucune difficulté, et Lagrange a donné, dans le tome II de la Mécanique analytique, tout ce qui est nécessaire pour cet objet mais l'intégration de ces équations peut se ramener, comme on le sait, à la recherche d'une intégrale complète d'une équation aux dérivées partielles du premier ordre à trois variables indépendantes, et cette manière d'opérer offre ce grand avantage que, quand on passe du mouvement non troublé au mouvement troublé, les équations différentielles qui déterminent les arbitraires devenues variables se présentent sous cette forme simple que les géomètres ont appelée canonique. Les arbitraires canoniques sont ici au nombre de quatre, mais l'une d'elles, celle C des forces vives, reste constante dans le mouvement troublé, ce qui est évident à priori; car la force perturbatrice étant perpendiculaire à la direction du mouvement, l'équation des forces vives s'applique au mouvement troublé tout comme au mouvement non troublé ; il n'y a donc en réalité que trois variables, H, c, h, à déterminer en fonction du temps.

Dans le cas du mouvement non troublé, il y a deux quantités

$$U = N(t+c), \text{ et } v = N'(t+c) + h$$

(t désignant le temps), qui jouent le même rôle que les longitudes moyennes dans les théories planétaires ; les deux moyens mouvements N, N' sont des fonctions des deux arbitraires C, H. Comme il n'est question ici que du mouvement oscillatoire, la coordonnée z est développable en une série très convergente, procédant suivant les cosinus des multiples pairs de la longitude moyenne u ; les deux autres coordonnées x, y sont également développables en des séries convergentes ; mais celles-ci procèdent, l'une suivant les sinus, l'autre suivant les cosinus, des multiples pairs de u, diminués ou augmentés de la longitude moyenne v. J'ajoute que, dans le cas des très petites oscillations, les moyens mouvements N, N' diffèrent très peu ; leurs valeurs exactes sont exprimables par des intégrales elliptiques qu'il est facile de calculer. Les premiers termes des séries dont je viens de parler suffisent pour le calcul, très simple d'ailleurs, de la fonction perturbatrice ou plutôt de sa variation, puisque celle-ci est virtuelle. Mais il arrive ici, comme dans la théorie des planètes, que la différentiation relative à l'une ou à l'autre des arbitraires C, H, introduit le temps en dehors des signes sinus et cosinus, dans les équations différentielles qui déterminent les arbitraires devenues variables. La présence de deux moyens mouvements, dépendant l'un et l'autre de deux arbitraires, n'est pas un obstacle au succès de la transformation usitée, en pareil cas, dans l'astronomie. On rencontre, en effet, dans le problème qui nous occupe, un théorème analogue à celui que j'ai démontré dans mon Mémoire sur l'*Application de la théorie de la variation des arbitraires aux mouvements de rotation des corps célestes*, et qui permet de remplir l'objet que l'on a en vue. Le théorème dont je parle s'exprime par une relation entre les dérivées partielles des deux moyens mouvements, savoir :

$$\frac{\delta\frac{1}{N}}{\delta C}+\frac{\delta\frac{N'}{N}}{\delta H}=o$$

En vertu de cette relation, le temps n'apparaît pas, en dehors des signes sinus et cosinus, quand aux variables canoniques c, h, on substitue les longitudes moyennes u et v. Pour faire la part de ce qui appartient au mouvement non troublé, et celle qui est proprement le fait de la force perturbatrices, il suffit de poser, comme dans la théorie des planètes,

$$u = \rho + \xi , \rho ' + \xi ' \quad ,$$

avec

$$\frac{d\rho}{dt} = N , \frac{d\rho '}{dt} = N ' \quad ;$$

d'où

$$\rho = fNdt , \rho ' = fN ' dt .$$

Enfin, les arbitraires canoniques C, H, dont la première demeure cependant constante, ne sont pas les variables les plus commodes, et il convient de leur en substituer deux autres, a, b, qui sont les valeurs maxima et minima du sinus de la moitié de l'angle formé par la verticale avec la direction du fil qui soutient le pendule.

On obtient de cette manière, et par un calcul des plus simples, les équations différentielles qui déterminent les six variables a, b, ρ, ρ', ξ ξ' en fonction du temps. L'intégration de ces équations, exécutée en négligeant, bien entendu, le carré de la force perturbatrice, montre que les arbitraires a, b et les moyens mouvements ρ, ρ', n'ont que des inégalités périodiques de l'ordre de la fonction perturbatrice, c'est-à-dire extrêmement petites. Les époques ξ ξ' contiennent elles-mêmes dans leurs expressions des termes périodiques du même genre, avec un très petit terme proportionnel au temps ; mais l'époque ξ' renferme, en outre, le terme principal nt sinλ , n étant la vitesse angulaire de rotation de la Terre, et la latitude du lieu de l'observation.

Il est facile de conclure de là les altérations que la force perturbatrice .produit dans les expressions des coordonnées calculées pour le cas du mouvement non troublé. Les variations périodiques des arbitraires n'introduisent dans l'expression des trois coordonnées rectangulaires, que des inégalités périodiques trés faibles, et dont il n'y a pas lieu de tenir compte ; les termes de ξ, ξ' qui sont proportionnels au temps, s'ajoutent aux moyens mouvements Nt, N't.

Quant à l'azimut ψ du plan vertical qui contient le pendule, azimut qui, dans le cas du mouvement non troublé, varie en réalité, à chaque oscillation, de $\dfrac{N'}{N}2\pi$, quantité peu différente de 36o degrés, indépendamment des inégalités périodiques qui altèrent ce mouvement progressif, la variation de ξ' s'y reporte tout entière, et l'azimut et l'azimuth ψ acquiert ainsi le terme nt sinλ, multiplié par un coefficient qui se réduit, à très peu près, à l'unité lorsque les oscillations sont regardées comme sensiblement planes, dans le mouvement non troublé ce qui est proprement le cas du pendule de Foucault. On voit que ce terme nt $\sin\lambda$ peut être considéré comme résumant en lui seul tout l'effet sensible de la perturbation.

L'analyse précédente met ainsi en pleine lumière ce mouvement progressif du nord vers l'est que Foucault a découvert, et que la force perturbatrice imprime au plan vertical du pendule.

Je me suis borné à esquisser ici les traits principaux de la solution du problème du pendule, et j'ai omis à dessein des détails intéressants dont le développement aurait dépassé les limites dans lesquelles je devais me renfermer.

NOTE DES RÉSULTATS OBTENUS DANS LES EXPÉRIENCES FAITES A RIO DE JANEIRO, SUR LE MOUVEMENT DU PENDULE PENDANT LE MOIS DE SEPTEMBRE ET LES PREMIERS JOURS D'OCTOBRE DE 1851, A LA LATITUDE AUSTRALE DE 22° 54' PAR M. D'OLIVEIRA.

Masse du pendule employé dans .les expériences. Un boulet creux et sphérique, pesant 10,5 kg et garni dans sa partie inférieure (opposée au point de l'ouverture) d'un appendice terminant en pointe.

Suspension du pendule. Un fil de lin sans torsion, fixé au plafond d'une pièce isolée, et bâtie solidement, tenant par l'autre bout à un morceau de fer mobile dans la cavité du boulet, posé de façon à faire correspondre la pointe de l'appendice au point de suspension, donnant au pendule la longueur de 4,365 m.

Arcs décrits par les oscillations du pendule. Les premières expériences ont été faites en donnant au pendule l'excursion de 5° 14' 44"; mais ensuite l'arc a été constamment de 7° 51' 41" Les arcs répondent aux longueurs des oscillations mesurées par leurs tangentes, qui étaient, dans le premier cas de 4 décimètres, et de 6 décimètres dans le second.

Trajectoire décrite par le pendule. Cette trajectoire, dans une double oscillation, a été presque toujours une ellipse très allongée, ayant le petit axe de grandeur à peine suffisante pour faire apercevoir la direction suivie par le pendule, au moyen de la trace faite par sa pointe dans une couche de sable fin, disposée dans un cadre placé convenablement sur le plancher. Le cadre qui renfermait la couche de sable comprenait, dans sa surface intérieure, un carré de 6 décimètres de côté, ayant les quatre bords suffi- samment relevés, et marqués au milieu par des points répondant aux directions nord-sud et est-ouest. Ce cadre a été placé sous le pendule, dé façon que le croisement des deux diagonales répondait à la pointe du pendule.

Le pendule a été mis en mouvement, d'abord dans la direction du méridien tracé sur le plancher, à partir premièrement du côté nord, et ensuite du côté opposé, et attendant que le mouvement fût considérablement amorti.

On a répété les mêmes expériences, en agissant d'une manière semblable, par rapport à la direction du parallèle.

De pareilles expériences ont été faites aussi dans plusieurs directions intermédiaires entre ces deux-là, tant dans le sens du sud-ouest que dans celui de sud-est.

Les résultats obtenus dans les expériences qui ont été considérées comme les plus régulières, sont les suivants :

1°. Le mouvement du pendule, lorsqu'il décrivait des ellipses dans la direction du méridien et dans celle du parallèle, a été toujours en sens contraire l'un de l'autre, c'est-à-dire quand l'ellipse, dans la direction du méridien, était décrite de droite à gauche (dans le sens de la rotation de la Terre, en regardant le pôle du sud), le pendule se mouvait de gauche à droite, dans l'ellipse décrite dans la direction du parallèle. Et l'ordre de succession des deux mouvements a plusieurs fois changé par l'effet de simples modifications, même légères, faites dans la manière dont le fil était attaché au plafond; de façon que si l'on venait à réduire la grosseur du fil de suspension, jusqu'à la faire disparaître entièrement, le petit axe dans ces ellipses s'évanouirait aussi, supposant immobile le point de suspension.

2°. En écartant le pendule de 3 décimètres de la verticale, afin de lui faire décrire le plus grand arc, et le laissant osciller pendant trente minutes, d'abord dans la direction du méridien, et ensuite dans celle du parallèle, on a trouvé la déviation dans le premier cas de 5° 9' vers l'est, et dans le second cas de 5° 12' vers le sud.

3°. Mesurant les longueurs des grands axes des ellipses décrites dans les deux cas précédents, au moyen des traces sur le sable, laissées après la cessation du mouvement du pendule, au bout de trente minutes d'oscillation on a trouvé pour l'axe de l'ellipse, qui se rapporte au méridien, la grandeur représentée par $\dfrac{356}{600}$ du mètre, et $\dfrac{349^{m}}{600}$ pour l'axe de l'autre qui a été décrite à partir du parallèle. On avait pris, d'ailleurs, la précaution de rendre la résistance provenant du sable à peu près la même dans les deux cas.

4°. Essayant de faire mouvoir le pendule en plusieurs directions différentes, comprises entre celles du méridien et du parallèle, dans le cadran de sud-ouest, afin de chercher la ligne selon laquelle le pendule décrirait une trajectoire, sans montrer aucune tendance à se mouvoir, ni vers la droite, ni vers la gauche; on a trouvé effectivement la ligne cherchée, observant en même temps une circonstance très remarquable, savoir, que le pendule continua à s'y mouvoir sans déviation. Et l'on a conclu de ce phénomène que la ligne ainsi trouvée marquait la position d'un plan invariable d'oscillation.

Mesurant l'angle de déviation de ce plan, par rapport au parallèle, on a trouvé 11° 18' 40" pour sa grandeur, qui s'approche notablement de la moitié de la latitude du lieu de l'observation, savoir 11° 27'.

Après ce résultat, on a soupçonné que dans le cadran de sud-est se trouverait aussi un autre plan invariable d'oscillation, lequel devrait couper le premier sous un angle égal à peu près à la latitude du lieu ; et cela a été encore confirmé par l'expérience, en faisant mouvoir le pendule dans une direction également déviée du parallèle.

5°. Le mouvement du pendule, dans deux directions écartées de 45 degrés par rapport au méridien, a montré que la déviation, dans le cadran de sud-ouest s'est manifestée bien plus lentement que dans le méridien, tandis que celle qui a eu lieu dans le cadran de sud-est a été produite plus promptèment Mais toutes ces déviations se sont présentées dans le même sens, savoir, dans le sens de la rotation de la Terre.

Remarque. Je dois observer ici que les faits nouveaux qui ont été le fruit de mes recherches, dans les expériences dont je viens de parler, ne sont présentés par moi que comme indications qui doivent être soumises à des nouvelles épreuves dans lesquelles le pendule sera installé dans les conditions nécessaires, pour garantir les résultats obtenus de toute objection fondée sur l'action des causes perturbatrices inséparables des phénomènes dont il s'agit.

J'ajouterai encore à cette observation que la disparition de l'ellipticité produite dans le mouvement du pendule, dont j'ai fait mention ci-dessus, n'a été qu'un heureux hasard, ou que cela pourrait avoir lieu dans d'autres circonstances, en dehors du cas mentionné.

REMARQUES AU SUJET DE LA COMMUNICATION FAITE PAR MONSIEUR PONCELET - EXTRAIT D'UNE NOTE DE MONSIEUR DEHAUT

Il résulte des préliminaires du travail de M. Poncelet, que M. Foucault est considéré comme ayant le premier découvert le principe, l'idée de la persistance du plan d'oscillations du pendule libre. C'est contre cette opinion que je viens réclamer la priorité en faveur de Poinsinet de Sivry, qui a clairement émis ce principe dans un ouvrage imprimé en 1782. Voici en effet ce qu'on lit dans sa traduction de l'*Histoire naturelle* de Pline, t. XII, p. 486. Je reproduis textuellement le passage qui se trouve parmi d'autres notes du traducteur.

« Il y a un moyen d'obtenir une boussole sans aimant ; c'est par un pendule mis en vibration, selon une direction connue et relative à deux des points cardinaux en opposition ; car le vaisseau, en tournant sur lui-même, ne dérangerait pas pour cela cette direction une fois donnée au pendule, qu'l ne s'agirait plus que d'entretenir en mouvement par une puissance uniforme et indifférente aux quatre points cardinaux, c'est-à-dire par une puissance ou force motrice constamment dirigée de haut en bas. Si donc, ce pendule, vers le haut de sa broche ou de sa corde, en un mot, vers le point de suspension, était muni d'une petite voile tendue, sur laquelle agirait de haut en bas la puissance anémique d'un soufflet, qui ne serait mis en jeu que d'une manière intermittente, et lorsque le pendule, en s'élevant de ce côté, aurait rapproché sa voile de ce souffle moteur, on conçoit qu'un tel pendule conserverait son mouvement, et qu'en outre, il conserverait toujours sa direction première, laquelle, étant connue, donnerait une boussole sans aimant. »

Nielrow Editions
frwor@outlook.com

Louis Braille : *Nouveau procédé pour représenter par des points... (Brochure de 1839)*
Louis Braille : *The 1839 brochure* (english)
Charles Suisse : *Restauration du château de Dijon*
Victor Coissac : *La conquête de l'espace*
J.O.B. : *Les épées de France*
Casimir Coquilhat : *Trajectoires des fusées volantes*
Implex : *Mots croisés ; 49 défis*
Arnold Netter : *De l'argent colloïdal*
Robert de Launay : *La question des effectifs à Alésia*
Jean-Baptiste Savigny : *Radeau de la Méduse*
Beaumarchais : *Essai sur le genre dramatique*
Pierre Louis de Maupertuis : *Voyage en Laponie*
Dr Wiart : *De l'usage interne de l'eau de mer*
Corneille de Nélis : *La pierre Brunehaut*
Abbé Mann : *Dissertation sur les déluges*
John Law : *The company of Mississipi* (english/french)
Pierre-Adolphe Piorry : *Sur le danger de la lecture des livres de médecine*
Albert de Lacouperie:*The Miryeks of Korea* (english/french)
Nielrow, collectif : *Makandal, rebelle des Antilles*
Erwin Lo : *Histoires du pays des francons*
Jeremy Bentham : *Emancipate your colonies* (english/french)
Léon Foucault : *Mémoire de 1851 et autres textes*

Nielrow Éditions
Dijon – 2ème trimestre 2019

www.ingramcontent.com/pod-product-compliance
Lightning Source LLC
LaVergne TN
LVHW050617200726
843508LV00010B/1893